# Une tâche à la fois

# Une tâche à la fois

Par
Gaétan Lanthier

Dépôt légal — Bibliothèque et Archives nationales du Québec, 2017.
Dépôt légal — Bibliothèque et Archives Canada, 2017.

ISBN 978-2-9814674-9-2

# Table des matières

# Introduction

*Une tâche à la fois/une tache à la fois*, c'est un peu ma façon de dire qu'il est possible d'accomplir l'entretien et la désinfection des surfaces de manière structurée et organisée dans le but d'améliorer la qualité de l'environnement.

Je cumule plusieurs années d'expérience en hygiène et salubrité, mais c'est un domaine qui ne cessera jamais de me fasciner! Pourquoi? Parce qu'on sous-estime l'importance du métier et l'impact positif que l'action des préposés à l'entretien apporte à la société en matière de bien-être des individus, de réduction du risque d'infection et de qualité de vie en général.

C'est un peu à cause de cette passion que j'ai créé un blogue en 2010. En 2018 avec plus de 700 billets, 7 publications et 7 conférences. Je vous présente ce nouveau recueil pour alimenter les discussions, mais aussi vous apprendre encore un ou deux trucs, je l'espère!

Gaétan

# 7 façons d'être à l'écoute de vos clients

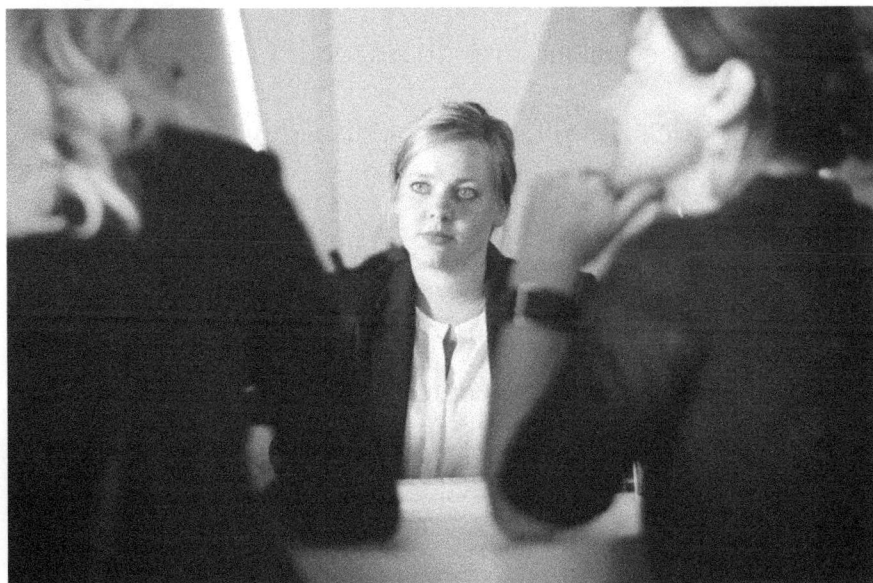

Nous avons tous un client et nous sommes tous le client de quelqu'un. Une relation patron-employé, une relation client-fournisseur, une relation parent-enfant. On peut vendre un bien, un service, une idée, une tâche à accomplir, une dépense à approuver, une permission à obtenir.

Mais est-ce qu'on veut vendre à un client à tout prix ou on veut l'aider à combler un besoin? C'est facile à dire, mais en réalité, bâtir une relation d'affaires peut-être assez difficile.

## Pourquoi être à l'écoute de vos clients

Écouter son client, c'est important car vous pourrez non seulement lui livrer ce qu'il demande, mais SURTOUT, surtout lui livrer ce dont il a besoin. Et vous savez comme moi que ce n'est pas toujours pareil!

# Comment être à l'écoute de vos clients

Voici quelques conseils (tirés du site de Jean-Pierre Lauzier) :

- Ne parlez pas plus de 50 % du temps
- Soyez présent et concentré
- Ne préparez pas votre prochaine question dans votre tête
- Lorsque vous parlez, posez des questions pertinentes en lien avec la problématique exposée par votre client
- Assurez-vous que vos solutions sont cohérentes avec les préoccupations et objectifs de votre client.
- Ne faites pas peur ou ne pas forcer (soyez empathique)
- Cherchez d'abord à comprendre, puis à être compris (Stephen R. Covey, 7 Habits)

Essayez puis revenez m'en parler!

Faites l'essai de ces 7 conseils (c'est gratuit), puis revenez m'en parler!

# Biofilms : Ce que vous ne saviez pas

## Les biofilms sont partout

Souvent cachés, parfois visibles, toujours dégoûtants, les biofilms, comme l'a si bien décrit mon ami Rémi Charlebois, se définissent comme suit :

*Les biofilms issus d'une communauté de microorganismes entourés d'une couche protectrice de polymère extracellulaire. Cette couche adhère aux surfaces retrouvées dans notre quotidien telles que les surfaces dans les hôpitaux et devient une source importante de contamination. La formation de complexe extracellulaire ou d'un biofilm par les microorganismes est un phénomène naturel qui aide les microorganismes à se protéger des stress environnementaux tels que le nettoyage et la désinfection.*

# Comment éliminer les biofilms

Voici 3 méthodes pour éliminer un biofilm :

## Remplacer les équipements

Cette méthode est pour le moins draconienne, probablement très coûteuse, voire carrément impraticable. Certaines industries procèdent encore ainsi en 2016. Il faut dire que dans certains cas, ça peut être la seule et la meilleure solution. Par exemple des sections de tuyaux, des filtres, etc.

## Acides et bases fortes

Les acides chlorhydrique ou peracétique ou les bases comme le caustique sont parfois utilisés en alternances. Toutefois, la corrosivité et la dangerosité de ces produits chimiques peuvent causer des inconvénients quant à la durabilité des matériaux, des mesures de protections individuelles, des défis reliés à l'entreposage et à la manipulation sans compter le risque d'accident.

## Technologie Ultra-Blast : Perturbateur de biofilms exclusive à Lalema

La Technologie Ultra-Blast (TUB) est développée par Lalema. Cette technologie, que l'on retrouve dans l'Ultra-Blast, mais également dans toute une ligne unique de produits, possède la caractéristique unique de perturbateur de biofilms. Il s'agit d'une innovation majeure dans plusieurs sphères de l'entretien ménager et de la lutte aux infections.

Parmi les avantages de cette technologie, on compte :

- Avantages d'utiliser un produit avec la Technologie Ultra-Blast

---

- Incorporer à même les produits nettoyants tout usage connus
- Éliminer les biofilms et le tartre
- Prévenir la réapparition des biofilms
- Réduire de façon marquée la dangerosité et la corrosivité.

# Réduire les risques par la désinfection des surfaces

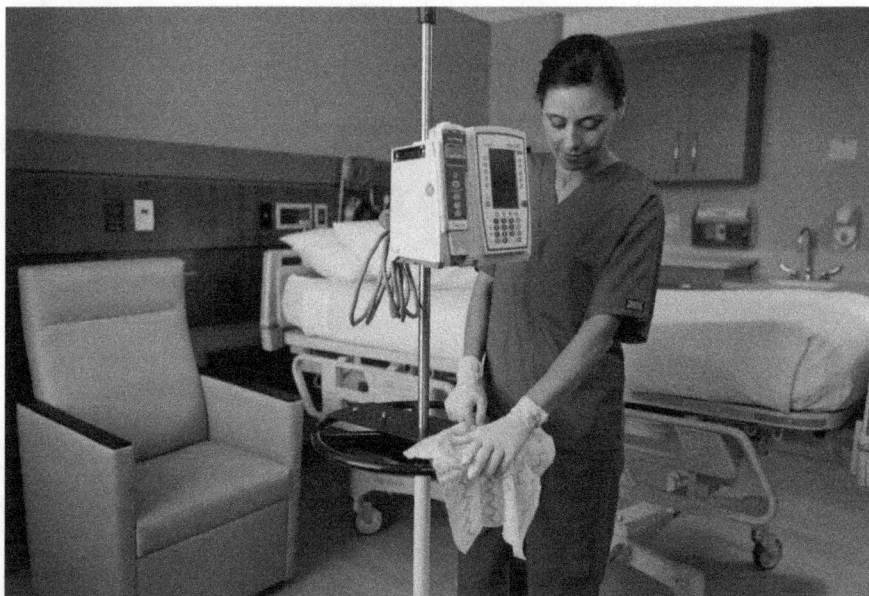

Bien que la « saison de la gastroentérite » semble tirer à sa fin, il est important de rappeler l'importance de la désinfection des surfaces. Chaque année au Québec, on rapporte plusieurs centaines d'éclosions, des milliers de cas de gastroentérite infectieuse d'allure virale. Ces gastroentérites sont majoritairement liées au Norovirus. Évidemment, le lavage des mains est primordial, mais la désinfection des surfaces peut aussi jouer un rôle important pour réduire le risque!

## 3 principaux modes de transmission

Le Center for Disease Control and Prevention (CDC) identifie 3 principaux modes de transmission pour le Norovirus :

- Manger et boire de la nourriture ou des liquides contaminés
- Toucher une surface ou un objet contaminé puis porter les doigts à la bouche
- Avoir un contact direct avec une personne infectée.

## Minimiser les risques en désinfectant les surfaces

Pour aider à minimiser la transmission des virus, les gestionnaires et les préposés à l'hygiène et salubrité devraient insister et porter une attention particulière aux surfaces suivantes :

- Poignées de porte
    o Les poignées de bureaux, de salles de bains, de réfrigérateurs, d'entrée, etc.
- Tables
    o Les tables de cafétéria, tables de travail communes, etc.
- Ascenseurs
    o Les boutons d'ascenseurs et rampes
- Chaises et bancs
    o Les chaises, accoudoirs dans les salles d'attentes, à la cafétéria, etc.
- Interrupteurs
    o Les interrupteurs sans contact, les boutons de contrôle d'intensité, les interrupteurs de lumières.

- Équipements de la cuisine des employés
  - Grille-pains, réfrigérateurs, lave-vaisselles, robinets, micro-ondes, etc.
- Fontaines d'eau
  - Boutons, surfaces en contact, buse.
- Rampes pour les mains
  - Dans les corridors, les escaliers, etc.

Ainsi que toutes autres surfaces à haut potentiel de contamination susceptibles d'avoir été en contact avec les employés, les bénéficiaires ou les visiteurs.

# Fini la grippe! On se revoit l'an prochain.

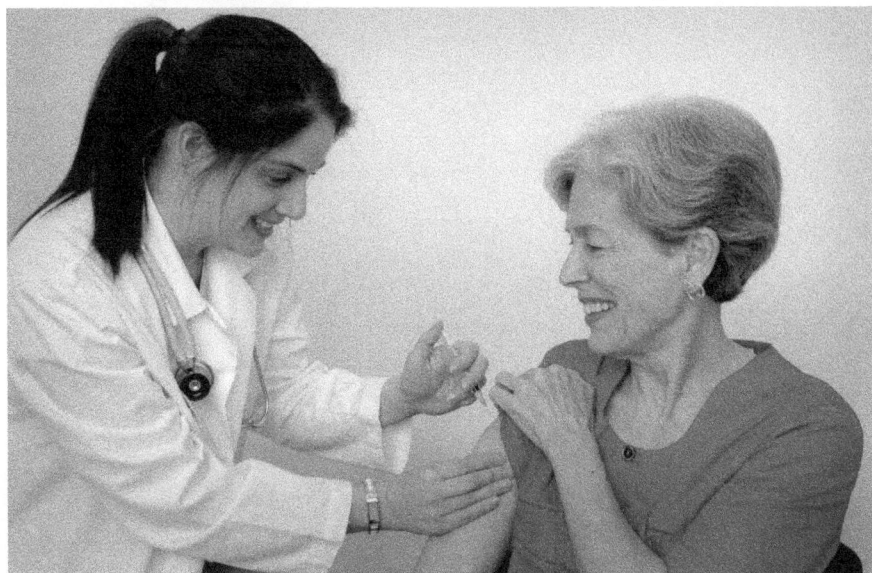

« La saison grippale tire à sa fin ». C'est du moins ce qu'annonçait la Dre Isabelle Rouleau en collaboration avec le Bureau de Surveillance et de Vigie (BSV) en mai 2016!

## L'activité grippale est faible

C'est une situation normale à chaque printemps. La détection de la grippe diminue à partir de la mi-mars pour reprendre à l'automne. En général, le sommet se situe entre la fin décembre et la fin février.

Voici le graphique de la saison 2016-2017 :

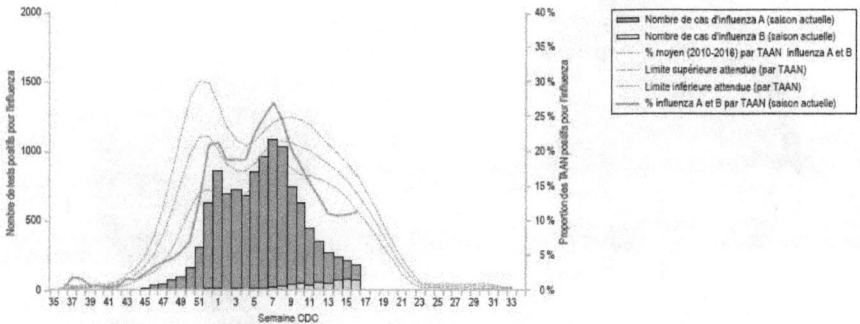

**Source :** Adapté du Portail des virus respiratoires, Laboratoire de santé publique du Québec (LSPQ).

**TAAN :** Test d'amplification des acides nucléiques

Source : Flash Grippe Volume 7. No 6. MSSS, 2017. 2 pages.

## Fin de l'offre de la vaccination systématique

Le programme de vaccination prend donc fin pour ce printemps. Cette offre reprendra à l'automne. En attendant, seuls certains cas individuels se verront proposer un vaccin.

## Importance de se laver les mains

Notre vigilance quant à l'hygiène des mains doit être maintenue. Se laver les mains souvent contribue à réduire le risque de transmissions des virus (pas juste l'influenza).

Ce qu'il faut c'est un bon savon à mains et une technique adéquate, mais aussi un bon plan de communication pour sensibiliser les travailleurs autant que les usagers.

# Et la désinfection des surfaces contre le poliovirus?

Crédit : World Economic Forum

Récemment, mon ami Rémi écrivait sur Twitter : « Pourquoi est-ce si long pour venir à bout de la Poliomyélite dans le monde? » Avec raison, car on rapporte à peine 30 cas par année dans le monde! Il ne resterait que 3 pays dans le monde qui ont encore des cas de poliomyélite. L'un de ces 3 pays, le Nigéria est en voie de réussir avec aucun cas rapporté depuis 1 an.

## Faut-il s'inquiéter du mouvement antivaccin?

Dans le reportage sur CNN gazouillé par Rémi, la spécialiste mentionne que le nombre d'enfants non vaccinés aux États-Unis est en croissance continuelle. Faudra-t-il attendre une nouvelle épidémie?

# La désinfection des surfaces contre le poliovirus type 1

Selon Santé Canada, dans sa ligne directrice – Exigences en matière d'innocuité et d'efficacité relatives aux désinfectants assimilés aux drogues pour surfaces dures, un virus à large spectre est défini comme suit :

*Virucide à large spectre : Désinfectant présenté comme étant efficace contre un virus représentatif dépourvu d'enveloppe et difficile à tuer, ce désinfectant devant aussi inactiver d'autres virus à enveloppe et dépourvus d'enveloppe (c.-à-d. un produit dont on a démontré une efficacité de « virucide à large spectre »).*

Toujours selon Santé Canada :

*Au Canada, l'incidence de la poliomyélite a chuté après la création de programmes de vaccination dans les années 1950. Le dernier cas indigène d'infection à poliovirus sauvage au pays remonte à 1977. En 1994, l'Organisation mondiale de la Santé a officiellement déclaré le Canada exempt de poliovirus sauvage. Les cas de poliomyélite paralytique survenus depuis lors au Canada ont été associés à des cas importés d'infection à poliovirus sauvage et à l'utilisation du VPO.*

Selon le MSSS, dans son guide « Désinfectants et désinfection en hygiène et salubrité : principes fondamentaux » :

*Parmi les virus, on trouve ceux qui sont enveloppés par une couche lipidique et ceux qui ne le sont pas. Ces derniers sont appelés des virus nus. Paradoxalement, cette enveloppe riche en lipides est facilement altérée par les produits chimiques, ce qui rend les virus enveloppés vulnérables. Par opposition, les virus nus sont « habitués » à composer avec les conditions extérieures et sont plus résistants aux désinfectants. Généralement, si un désinfectant est actif contre les virus nus, tel celui de la Poliomyélite, on considérera qu'il est probablement actif contre les virus enveloppés, tel celui du SIDA (VIH).*

## Les désinfectants quaternaires ou à base d'hypochlorite de sodium

Les désinfectants quaternaires ou à base d'hypochlorite de sodium avec l'allégation « virucide à large spectre » sont efficaces contre les virus nus comme celui de la Poliomyélite.

# Une enzyme pour combattre les biofilms

On n'arrête pas le progrès. La découverte d'une enzyme capable d'empêcher la production d'un biofilm, cette couche protectrice polymérique produite par les bactéries qui empêche les antibiotiques et les désinfectants de surfaces de bien fonctionner, pourrait à terme révolutionner la lutte aux infections nosocomiales.

Publiée dans la revue *Procédions of the National Académie of Sciences* (PNAS), l'équipe du Centre universitaire de Santé McGill dont fait partie le Dr Donald C. Sheppard a espoir que cette technologie pourra faire l'objet de tests cliniques humains d'ici 5 ans et être utilisée dans les hôpitaux d'ici 10 ans.

Dans une traduction libre, l'étude explique :

*Nous avons démontré que les glycosides hydrolases dérivées du champignon opportuniste Aspergillus fumigatus et de la bactérie Gram négative Pseudomonas aeruginosa peuvent être exploitées pour perturber les biofilms fongiques préformés et réduire la virulence.*

## Qu'est-ce qu'un biofilm?

Mon ami Rémi Charlebois (eh oui encore lui!) a décrit les biofilms ainsi :

*Les biofilms retrouvés sur les surfaces sont souvent issus d'une colonie complexe de microorganismes produisant des polymères leur permettant de mieux adhérer à la surface et faciliter la vie en colonie. Bref, un biofilm c'est comme une ville pour les microbes. L'homme a appris à apprivoiser ces biofilms et peut s'en servir pour traiter les eaux usées ou produire certaines molécules telles que des plastiques naturels. Toutefois, la présence des biofilms non désirés pourrait être nuisible et peut mener à des infections. Une étude scientifique a révélé la présence de biofilms sur la majorité des surfaces dans un hôpital que l'on croyait propre!*

On retrouve aussi les biofilms sur la peau et les instruments médicaux. Ainsi, selon l'article du Devoir :

*Les biofilms, une matrice très collante formée de protéines et de polymères de sucre fabriquée par les bactéries pour se protéger se fixent à la peau, aux muqueuses ou à la surface des matériaux biomédicaux, notamment des cathéters, tubulures, valves cardiaques et autres prothèses qui deviennent des portes d'entrée privilégiées pour l'infection.*

Dans le même article, on y cite le Dr Sheppard :

*Les biofilms sont produits par des molécules qui se défendent contre notre système immunitaire ou contre des antibiotiques avec cette carapace qui est 1000 fois plus résistante que les organismes qui produisent et prolifèrent dans ces biofilms.*

## Une enzyme qui agit comme « machine destructrice » de biofilms

En somme, l'enzyme découverte a été modifiée pour détruire les biofilms au lieu de les former. C'est une stratégie nouvelle qui pourra réduire les infections nosocomiales dans les centres de soins de santé.

### Et les autres surfaces?

Bien qu'il ne soit pas vraiment mention des surfaces, les prochaines générations de perturbateurs de biofilms seront-elles à base de cette enzyme? En attendant, il existe des solutions :

- Perturber les biofilms pour faciliter leur enlèvement
- Prévenir la croissance de nouveaux biofilms
- Ne pas être corrosif sur les surfaces

Sources additionnelles :

www.ledevoir.com/societe/sante/501939/des-chercheurs-percent-le-secret-de-la-resistance-de-certaines-bacteries

www.lapresse.ca/sciences/medecine/201706/27/01-5111114-avancee-majeure-contre-les-infections-dans-les-hopitaux.php

# 7 façons de rendre le nettoyage plus sécuritaire

Selon L'ASSTSAS, les chutes et les glissades représentent 18 % des coûts d'indemnisations des accidents de travail. Il s'agit de la troisième cause d'accidents dans le secteur de la santé et des services sociaux et le personnel de tous les types d'emploi peut en être victime.

## Causes d'accidents de travail

Mais il existe beaucoup d'autres causes d'accidents de travail :

- Les accidents de chute et de glissage

- Les problèmes musculaires liés au soulèvement et à la flexion
- Les lésions oculaires et cutanées, souvent liées à la manipulation de produits chimiques
- Les problèmes respiratoires, souvent le résultat du travail avec des produits chimiques et de l'équipement
- L'exposition accidentelle aux dangers électriques ou aux risques biologiques

## Sept façons de rendre le nettoyage plus sécuritaire

1. Assurer une révision périodique des méthodes de travail et des procédures
2. Identifier et évaluer les situations « à risque » incluant le soulèvement de charges, les mouvements répétitifs, l'exposition aux produits chimiques, la qualité de l'air, l'organisation du travail
3. Déterminer les tâches qui requièrent d'équipements de protection individuelle tels les gants, les lunettes de protection, les masques, les manchons protecteurs, etc.
4. Porter des souliers antidérapants lors des opérations de décapage ou de pose de finis à plancher
5. Installer des panneaux de sécurité « plancher mouillé » lors du lavage des planchers. Enlever les panneaux lorsque les planchers sont secs.
6. Inspecter régulièrement les fils électriques de vos équipements. Ne jamais tirer sur le fil pour débrancher un appareil.

7. Considérer la présence de tout fluide corporel ou sanguin comme un danger biologique réel et procéder au nettoyage seulement si vous avez reçu la formation appropriée.

# Une chance de faire une première bonne impression

Avez-vous déjà compté le nombre de clients ou d'usagers qui passe chaque jour par votre entrée? Sûrement que ce nombre se chiffre par centaines, voire par milliers!

Savez-vous ce qu'on retrouve à l'entrée de chaque entreprise ou chaque édifice public, particulièrement en période hivernale, mais de plus en plus à longueur d'année? Des clients? Bien sûr, mais surtout : un tapis d'entrée.

## Pourquoi un tapis d'entrée

En 1 phrase : En utilisant une bonne combinaison de tapis d'entrée, on peut retenir jusqu'à 80 % de la saleté à l'entrée d'un bâtiment au lieu de transporter la poussière, les roches et le sable un peu partout. Pour tout savoir sur les tapis d'entrée : consultez ce billet.

# Votre image de marque en premier : 6 bonnes raisons

Votre département de marketing vous le dira : l'image de l'entreprise est super importante. Maintenant, pourquoi ne pas joindre l'utile à l'agréable simplement en installant un tapis d'entrée à l'image de votre entreprise ou affichant vos produits et services?

Voilà une façon originale d'impressionner la galerie et de projeter une image forte de votre entreprise.

Le tapis logo, qu'il soit un tapis sur mesure ou un tapis personnalisé, offre plusieurs avantages :

- Rehausse l'esthétique de votre entreprise
- Renforce votre positionnement corporatif en véhiculant adéquatement les valeurs et l'image de votre entreprise
- Favorise une bonne première impression
- Inspire la confiance
- Contribue à la promotion de vos produits et services
- Augmente la notoriété de la marque.

# Les bonnes pratiques de la gestion des déchets

La gestion des déchets peut-être un vrai casse-tête particulièrement si vous travaillez dans un hôpital ou une université! Au Québec, le cadre légal et réglementaire évolue depuis plus de 50 ans et en 2017, plusieurs lois et règlements municipaux, provinciaux et fédéraux sont en vigueur. Voyons comment nous pouvons classer et démystifier les types de déchets.

## Bonnes pratiques pour la gestion des déchets

Pour bien gérer les déchets, il est impératif d'une part d'être au fait de la caractérisation de vos déchets et d'autre part de bien connaître la réglementation qui s'applique à votre situation.

# Manipulation sécuritaire

La manipulation des déchets, que ce soit au moment de la production, de la manutention, de l'entreposage et de la disposition, doit être accomplie en prenant les mesures de protection appropriée pour votre sécurité, celles des autres et la protection de l'environnement.

# Communication

Chaque département doit aussi être informé de la manière dont ils doivent disposer des déchets qu'ils produisent de façon sécuritaire. C'est pourquoi un bon plan de communication est aussi important!

# Réduction à la source

Passez à l'action en amorçant des changements graduels dans vos façons de faire lors de la gestion de vos approvisionnements et de vos matières résiduelles en se basant sur le principe des 3RV-E favorise la réduction à la source, le réemploi, le recyclage et de valoriser les matières résiduelles jusqu'à l'élimination.

- **Réduire à la source.** Principe fondamental de gestion pour diminuer la quantité de biens consommés, ce qui nécessairement diminue la quantité de ressources naturelles consommées.
- **Réemploi.** Donner une deuxième vie aux objets et utiliser ce que les autres n'ont plus besoin.

- **Recyclage.** Transformer une matière résiduelle dans une matière première pour la fabrication d'un nouveau produit.
- **Valorisation.** Donner une deuxième vie aux produits, mais de différentes façons, généralement cela se fait par la voie biologique par exemple le compost ou par voie énergétique comme les biocarburants.
- **Élimination.** Lorsque tous les efforts ont été mis dans les 3RV et que l'on doive disposer des déchets.

## Classement des déchets par catégorie

En milieux industriels et institutionnels, on regroupe généralement les déchets en 7 catégories :

1. Déchets généraux
   - Ordures non recyclables sans potentiel de réemploi ou de valorisation
2. Déchets biomédicaux
   - Déchets anatomiques humains
   - Déchets anatomiques animaux
   - Déchets non anatomiques
3. Déchets pharmaceutiques
   - Déchets pharmaceutiques dangereux
   - Déchets pharmaceutiques non dangereux
4. Déchets chimiques
   - Substances chimiques provenant de laboratoires
   - Réactifs de laboratoire
   - Solvants de laboratoire

- Contenants pressurisés
5. Déchets radioactifs
    - Résidus contenant des isotopes radioactifs supérieurs aux normes
    - Seringues, réacteurs, cylindres de plomb (médecine nucléaire)
6. Déchets électroniques ou avec métaux lourds
    - Matériel informatique
    - Téléphones cellulaires
    - Piles
    - Objets contenant du mercure
7. Déchets recyclables
    - Papier
    - Carton
    - Plastique
    - Verre
    - Métal
    - Résidus alimentaires et compostables
    - Déchets organiques
    - Débris de construction

## Cadre législatif et réglementaire au Québec pour la gestion des déchets

Voici une liste non exhaustive des lois et règlements qui traitent en tout ou en partie de la gestion des déchets ou des matières résiduelles.

- Loi sur la qualité de l'environnement (chapitre Q-2)

- Règlement sur l'enfouissement et l'incinération des matières résiduelles (c. Q-2, r. 19)
- Règlement sur la santé et la sécurité du travail (chapitre S-2.1, r. 13)
- Code de sécurité pour les travaux de construction (chapitre S-2.1, r. 4)
- Règlement sur les déchets biomédicaux (c. Q-2, r. 12)
- Code de la sécurité routière (chapitre C-24.2)
- Règlement sur le transport des matières dangereuses (c. C-24.2, r. 43)
- Règlement sur les matières dangereuses (c. Q-2, r. 32)
- Règlement sur la récupération et la valorisation de produits par les entreprises (c. Q-2, r. 40.1)
- Code de sécurité pour les travaux de construction – amiante (chapitre S-2.1, r. 4)
- Loi sur la sûreté et la réglementation nucléaires (L.C. 1997, ch. 9)
- Règlement général sur la sûreté et la réglementation nucléaires (DORS/2000-202)
- Règlement sur la radioprotection (DORS/2000-203)
- Règlement sur l'emballage et le transport des substances nucléaires (DORS/2000-208)
- Règlement sur les substances nucléaires et les appareils à rayonnement (DORS/2000-207)
- …

Source additionnelle :

Guide de gestion des déchets du réseau de la santé et des services sociaux

# Analyse sur l'utilisation de papier de toilette

On utilise en moyenne 20 000 feuilles de papier de toilette par année par personne en Amérique du Nord. Il y a plusieurs sources qui situent la consommation moyenne autour de ce chiffre. Mais pour en avoir le cœur net, j'ai trouvé un type, Josh Madison, qui a calculé pendant un an sa consommation de papier de toilette! Faut le faire!

## Qui est Josh Madison

Josh Madison est un gars ordinaire qui habite à New York surtout connu pour son logiciel gratuit CONVERT.EXE, un utilitaire de conversion d'unités qui est même utilisé sur la station spatiale internationale (selon son site).

```
┌─────────────────────────────────────────────────────────────┐
│ ⬏ Convert                                          _ □ ✕    │
├─────────────────────────────────────────────────────────────┤
│ File  Options  Help                                          │
│ ┌─────┬──────┬──────┬───────┬─────────┬────────┐            │
│ │Force│ Light│ Mass │ Power │ Pressure│ Speed  │            │
│ ├─────────┬──────┬────────┬────────────┬────────┤           │
│ │Temperature│ Time │ Volume │ Volume - Dry│ Custom │          │
│ ├──────────┬──────┬──────┬─────────┬──────────┬──────┤      │
│ │Acceleration│Angle │ Area │ Density │ Distance │ Flow │      │
│ ┌─Input──────────────┐       ┌─Output─────────────┐          │
│ │ Centimeters/sec²   │       │ Centimeters/sec²   │          │
│ │ Feet/sec²          │       │ Feet/sec²          │          │
│ │ Free fall (g)      │       │ Free fall (g)      │          │
│ │ Inches/sec²        │  ☞    │ Inches/sec²        │          │
│ │ Kilometers/hour-second│    │ Kilometers/hour-second│       │
│ │ Miles/hour-minute  │       │ Miles/hour-minute  │          │
│ │ Miles/hour-second  │       │ Miles/hour-second  │          │
│ └────────────────────┘       └────────────────────┘          │
│                                                              │
│ Input:  ┌──────────────────┐     Centimeters/sec²           │
│ Output: │ 0                │     Centimeters/sec²           │
│         └──────────────────┘                                 │
└─────────────────────────────────────────────────────────────┘
```

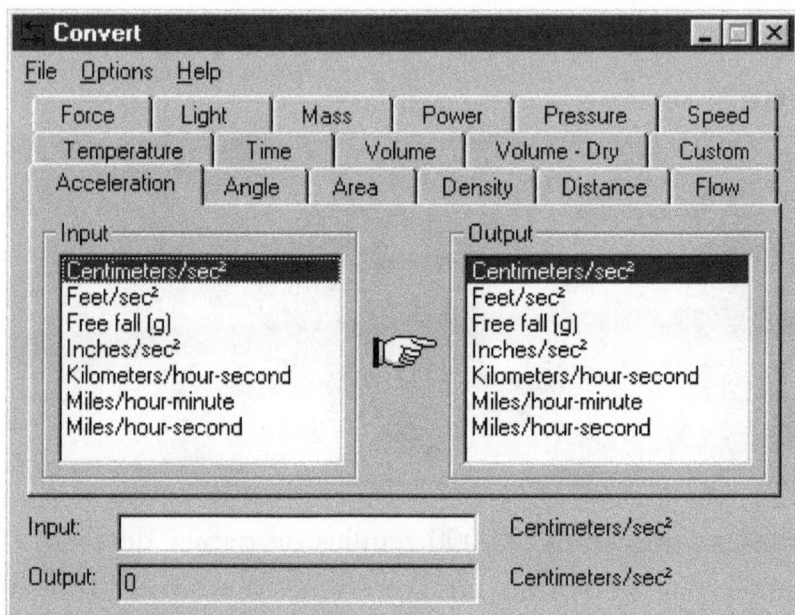

## Ses conclusions

Il a utilisé 49 rouleaux entre le 11 avril 2007 et le 14 avril 2008.

La durée moyenne d'un rouleau a été de 7,4 jours, soit une moyenne de 135,4 feuilles par jour.

La durée la plus longue d'utilisation d'un rouleau a été de 15 jours soit entre le 28 juillet 2007 et le 12 août 2007.

Le temps le plus court d'utilisation d'un rouleau a été de 3 jours soit entre le 20 août 2007 et le 23 août 2007.

Étant donné que chaque rouleau a environ 302 pieds de long et 115 pieds carrés, il a utilisé un total d'environ 4.5 km ou 5 644 pieds carrés (524 mètres carrés) de papier toilette ou l'équivalent de 160 tables de billard.

Selon son analyse, il a utilisé 49 000 feuilles. C'est donc dire qu'il est un grand consommateur!

## Du papier hygiénique offert en multiples formats

Il existe une panoplie de papier hygiénique, mais aussi de papier à main, de papier mouchoirs, d'essuie-tout et plus encore. Qu'ils soient Ecologo, 100 % recyclé ou FSC (gestion responsable des forêts), vous trouverez le papier qu'il vous faut.

# Ça respire le succès

Nos nez ont 350 récepteurs olfactifs, chacun nous éveillant à de nouvelles sensations de l'odeur d'une rose aux pieds puants. Juste une poignée d'entre eux nous permettent de sentir des odeurs répugnantes.

## Saviez-vous que

- Un milliard de personnes n'ont pas accès aux toilettes et défèquent à l'air libre.

- Trois milliards de plus ont des toilettes, mais leurs déchets sont déversés non traités, s'infiltrant dans l'eau et la chaîne alimentaire.

- Environ 800 000 enfants de moins de 5 ans meurent chaque année de diarrhée, de pneumonie et d'autres infections fréquentes causées par l'eau et l'assainissement.

- Au-delà des énormes souffrances humaines, c'est un problème qui ralentit le développement économique.
- En Inde seulement, le manque en condition d'hygiène adéquate coûte près de 55 milliards de dollars chaque année soit plus de 6 % du PIB.

## Un problème d'odeur

Malgré les efforts pour construire des toilettes publiques pour faire cesser les gens de s'exécuter en plein air. Un problème demeure : les mauvaises odeurs.

Les odeurs de toilette sont en fait assez complexes. Elles se composent de plus de 200 composés chimiques différents provenant de fèces et d'urine qui changent au fil du temps et varient en fonction de la santé et l'alimentation. Les chercheurs de Firmenich voulaient savoir lesquels étaient responsables de cette terrible odeur.

Les chercheurs de Firmenich ont utilisé ces connaissances pour développer des parfums qui bloquent certains récepteurs dans notre nez, ce qui nous rend incapables d'enregistrer certains malodorants.

La question maintenant est de savoir si cette technologie est assez bonne pour faire une différence dans les communautés qui en ont vraiment besoin. C'est pourquoi Firmenich lance des projets pilotes dans des communautés en Inde et en Afrique pour comprendre si les parfums rendront les toilettes et les latrines plus attrayantes pour les utilisateurs. Ils ont également besoin de déterminer s'il est préférable de distribuer le parfum comme un aérosol, une poudre, ou autre chose. Le but ultime est de rendre le produit abordable et facile à utiliser.

# Une planète similaire à la Terre! Va falloir faire du ménage!

Voici un sujet qui sort un peu de l'ordinaire et sur lequel s'emballent les réseaux sociaux (à tout le moins ceux que je fréquente). La NASA a annoncé la découverte d'un système solaire avec pas une mais sept planètes dont trois pourraient être habitables à seulement 39 années-lumière.

Ça veut dire qu'en ce moment, ils reçoivent les ondes émises de la Terre en 1977. Désolé les gars pour le Disco! Kurt Cobain n'a que 10 ans.

Une fois là-bas, va encore falloir nettoyer avant d'arriver à la planète!

Le papier et les nettoyants, c'est nécessaire pour une telle distance… Avant de partir, il faudra faire provision de papier de toilette et de produits d'entretien de toute sorte!

Retenir la saleté à l'entrée, ça sauve des coûts… À la porte d'entrée (le sas), un bon tapis d'entrée retiendra 85 % de la poussière extra-terrestre.

Recycler, c'est protéger notre environnement. Dans cet environnement fermé, le recyclage n'est pas une option, c'est une obligation. Alors des stations de recyclage un peu partout dans le vaisseau, ça va aider!

Réduire l'activité microbienne, ça prévient des maladies. Un bon programme d'hygiène commence par un bon lavage des mains. Pour ça, il faut du savon à main. Si on veut prolonger l'efficacité du savon, on peut aussi utiliser un papier à mains intelligent qui, par son effet antibactérien persistant, protège les mains des contaminations futures pendant 30 minutes.

Et si c'était l'hiver? Finalement, si en débarquant, c'était l'hiver? Un bon fondant à glace qui n'endommagerait pas le vaisseau est vivement conseillé.

Morale de cette histoire : retenez que TOUS ces conseils s'appliquent aussi bien à votre lieu de travail, que ce soit un immeuble à bureaux, un centre de soins de santé, un établissement d'enseignement, un centre commercial, une usine, un vaisseau spatial ou une planète extra-terrestre.

# Dans une fourmilière près de chez vous

Plusieurs tâches des fourmis sont semblables à celles de professions humaines telles qu'agriculteur ou éleveur. Des chercheurs suisses ont récemment ajouté à cette liste une fonction surprenante : chimiste!

## La vie en communauté

On sait tous que les fourmilières regorgent de fourmis. Un nombre d'individus pouvant atteindre facilement plusieurs millions constitue la population d'une colonie. Elles ont beau être des insectes, l'approvisionnement en nourriture, la gestion des déchets et la lutte contre les infections sont, croyez-le ou non, une préoccupation majeure pour la reine d'une fourmilière.

# Les fourmis « chimistes »

En mélangeant de la résine de conifères avec de l'acide formique (un venin sécrété par les fourmis pour combattre leurs ennemis), le mélange double l'efficacité antifongique de la résine simple. Ces fourmis sont capables d'améliorer la résistance de la colonie aux pathogènes.

C'est la première fois qu'on observe en dehors des humains, une espèce mélanger différents composés dans le but d'en améliorer les effets.

# 8 innovations technologiques en hygiène et salubrité

## Un peu d'histoire

Le CES (Consumer Électronica Show) existe depuis 1967. La première édition est lancée pour la première fois en 1967 à New York avec 200 exposants et 17 500 participants. En 2016, le salon a réuni à Las Vegas 3 600 exposants sur 223 000 m$^2$ et a accueilli 170 000 professionnels (dont 6 900 journalistes). Parmi les exposants figuraient une vingtaine d'exposants québécois. En 2017, ces chiffres sont encore plus impressionnants.

## Innovations en hygiène et salubrité

### Scanneur de poubelle

Ce scanner de poubelle vous permet de numériser des codes à barres dans des boîtes ou d'autres produits d'épicerie que vous jetez, créant ainsi une liste d'épicerie instantanée. Si l'article n'a pas de code à barres (comme un rouleau de papier toilette ou une pomme), vous pouvez toujours le faire en utilisant votre voix et le système l'ajoutera à la liste.

## C'est le temps de rendre votre robot domestique plus efficace

Ce robot de service domestique nettoiera votre plancher (bois dur et moquette), mais en plus, le système fournira des fonctions d'épuration de l'air et d'humidification ainsi que des détecteurs de mouvement de sécurité qui peuvent vous avertir si un intrus vient à la maison.

## Un moyen plus facile de faire disparaître les saletés indésirables

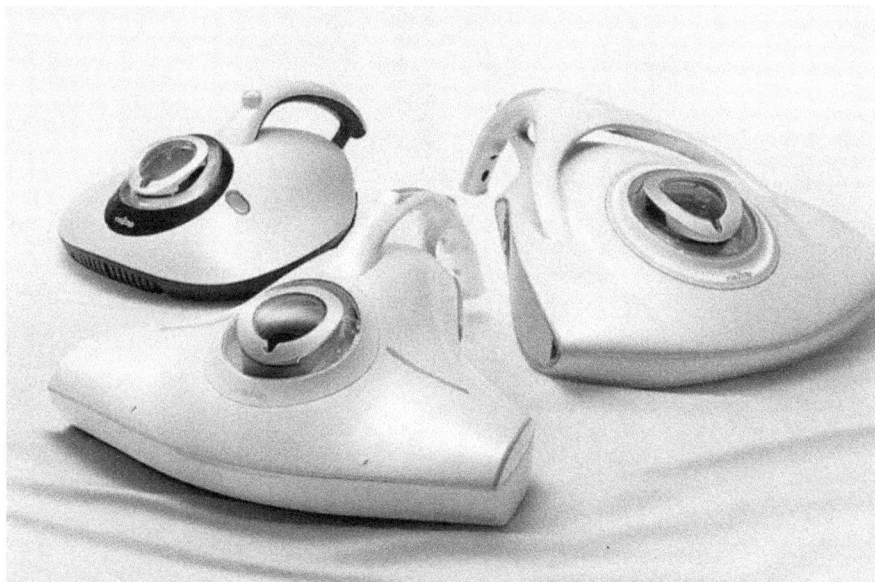

Ces aspirateurs utilisent une lumière ultraviolette, des tampons à pulsations, une aspiration optimisée et une filtration à haute efficacité d'air (HEPA) pour éliminer et collecter les allergènes potentiellement nocifs, le pollen, les bactéries, les acariens et bien d'autres.

# Robot-Plieur de linge

Ce n'est pas encore Rosie des Jetsons, mais cette machine à plier vise à tenir le pliage de linge loin des humains. Les utilisateurs pincent le linge sur chaque pince, et en quelques minutes le linge est soigneusement plié, indique la compagnie.

## La table à langer intelligente

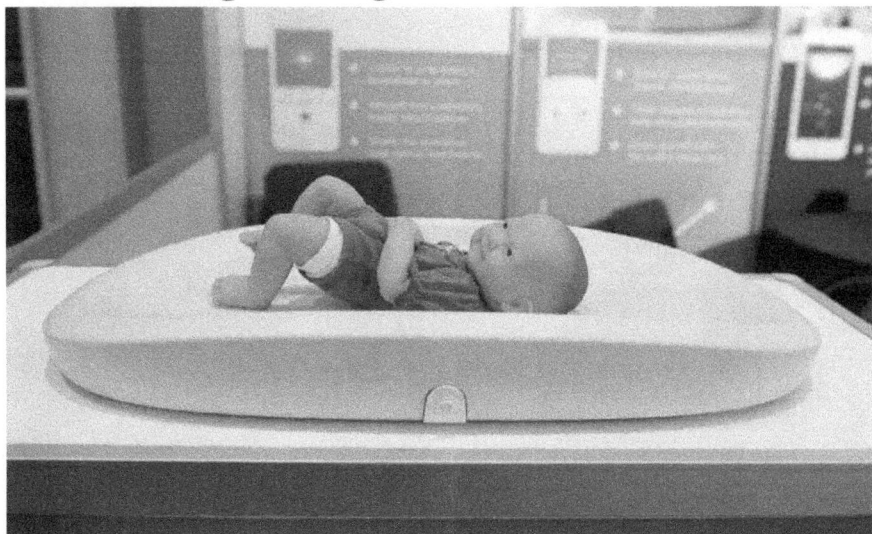

Combinant une table à langer traditionnelle avec une balance intelligente sans fil intégrée, permettant un suivi facile des mesures de santé du nourrisson.

## Lunettes de sécurité de réalité augmentée

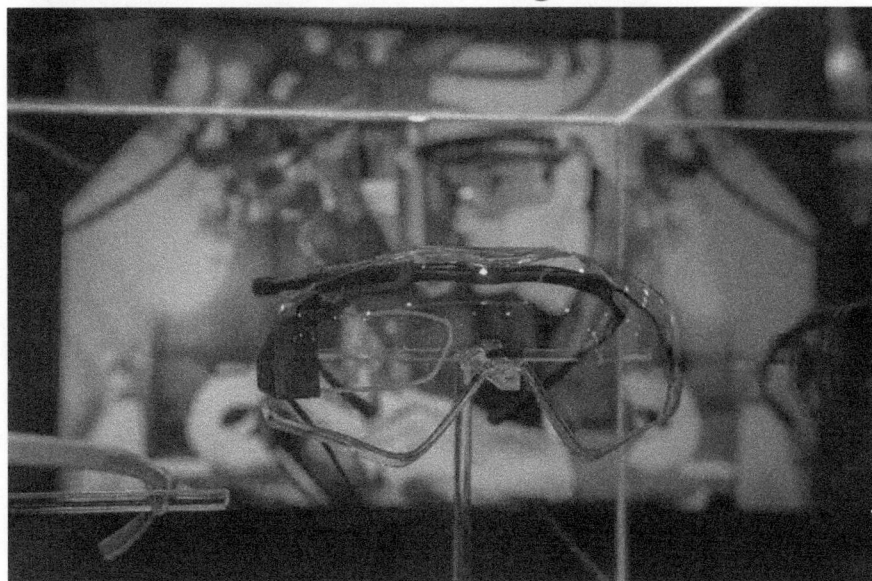

Pour applications industrielles. Imaginez voir en réalité augmentée les zones à haut potentiel de contamination ou encore l'enregistrement des surfaces nettoyées en temps

## Toilette intelligente

Selon la porte-parole du fabricant de ces toilettes :

*Vous marchez vers elle et elle s'ouvre, et quand vous quittez, elle se referme et s'éteint automatiquement. La toilette élimine également le besoin de papier toilette. Elle scanne et fournit de l'eau chaude et aérée à l'utilisateur. Cela lave et sèche, on peut repartir propre sans produit en papier. Après usage, la toilette se nettoie et se désinfecte avec de l'eau électrolysée. Et en raison de son revêtement de dioxyde de titane et de zirconium, rien ne colle à la cuvette!*

# Un robot aspirateur à réalité augmentée

Encore l'internet des objets. Donnez des instructions à votre aspirateur avec votre téléphone intelligent. N'essayez pas de vous fâcher après lui, ce n'est qu'un robot! Avec ces caméras multiples, le robot vous envoie des photos des espaces nettoyés.

# Comment développer une route de travail performante

Voici 11 facteurs qui influencent le plus l'organisation d'une route de travail d'un préposé à l'hygiène.

## Le travail à l'espace

Premièrement, le travail à l'espace comporte des avantages par rapport au travail à la tâche. Notamment, le nombre de déplacements se trouve dupliqué et les dérangements sont accrus lorsque le travail doit être fait durant l'occupation des locaux.

## L'ergonomie au travail

Lorsque la réalisation de l'ensemble des tâches à accomplir dans un local se fait en même temps et par la même personne, la variation dans les tâches améliore l'ergonomie au travail en diminuant les gestes répétitifs et en variant les positions.

# Le matériel est les équipements

Il convient d'assurer une organisation impeccable et structurée du chariot d'entretien et de son contenu afin de projeter une image professionnelle. Ainsi, on optimise les résultats obtenus tant au niveau de la qualité que de la performance d'exécution.

Saviez-vous que plus de 92 % de votre budget en hygiène et salubrité est consacré à la main-d'œuvre? Lorsqu'on considère le budget des fournitures, du matériel et des équipements pour faire l'entretien sanitaire, il reste moins de 8 %.

Il vaut mieux d'investir dans des produits et de l'équipement de qualité parfois un peu plus cher, mais qui augmente la qualité des prestations de travail et la productivité. Finalement, c'est là où ça compte.

## La séquence des locaux

Il est préférable de faire les locaux les uns à la suite de l'autre pour limiter les déplacements dans une route de travail. Avec l'équipement et l'organisation adéquats, les gains en déplacements sont appréciables.

## La séquence des tâches dans un local

On optimise la séquence optimale des tâches d'une route de travail, en faisant le tour de la pièce en partant de la porte vers la droite (ou la gauche, l'important c'est de faire le tour) :

1. Le dépoussiérage et le détachage du mobilier, des accessoires et des surfaces horizontales
2. La vidange et l'entretien de la corbeille à papiers ou de la poubelle
3. Le détachage et le nettoyage des accessoires et des surfaces verticales
4. Le détachage et le nettoyage des miroirs et des surfaces vitrées
5. Le dépoussiérage des surfaces de sol
6. Le lavage des surfaces de sol.

## La vocation des espaces

Une caractérisation (inventaire) des espaces par vocation permet de comprendre la nature des tâches à accomplir. L'entretien d'un corridor n'est pas le même qu'un vestibule d'entrée. Un bureau individuel et une salle de conférence non plus!

## L'achalandage

Certaines salles de travail et les salles de toilettes publiques peuvent être utilisées plus fréquemment que d'autres modifiant ainsi l'exécution de certaines tâches tels le ramassage des déchets, le nettoyage, le dépoussiérage, etc.

## Le niveau de risque

En milieu de soins, dans les centres pour personnes âgées ou les centres de la petite enfance l'utilisation de procédures de désinfection additionnelles est requise pour assurer le contrôle du risque de transmission de maladies ou d'infections nosocomiales.

## La saison et l'emplacement géographique

Quand vient l'hiver, arrive la gadoue, le sable et les roches à l'intérieur d'un bâtiment. Cela malgré l'utilisation et l'entretien optimal de tapis d'entrée approprié et de bonne qualité. De plus, les zones urbaines ou à proximité des grands axes de circulation générer de la pollution qui encrasse.

## L'entretien optimal d'un bâtiment

La vétusté des espaces (mobilier, murs, planchers, fenêtres, etc.), et le déficit d'entretien (système de ventilation, présence de moisissures, etc.) de certains bâtiments tels les écoles ou les édifices publics ont un impact sur la difficulté à livrer un entretien de qualité.

## La perception

Bien entendu, un chariot qui sert à la fois aux salles de toilettes, aux aires communes et aux espaces à bureaux peut paraître disgracieux si le préposé ne prend pas soins de ces équipements et accessoires.

Il est essentiel de prendre le temps de maintenir le chariot d'entretien propre et ordonné. Ça commence par là!

# Conclusion

C'est ainsi que se concluent nos réflexions sur l'hygiène et la salubrité dans ce huitième et plus récent volume. Nous espérons que la lecture vous a plu.

C'est toujours difficile d'écrire une conclusion, car il y aurait bien d'autres sujets à aborder. Bon, il faut prendre ça avec philosophie puisque ça va permettre l'édition d'un nouveau chapitre l'an prochain *une tâche à la fois*!

# Références

1. blog.lalema.com/7-facons-detre-a-lecoute-de-vos-clients
2. blog.lalema.com/biofilms-ce-que-vous-ne-saviez-pas
3. blog.lalema.com/reduire-risque-gastro-desinfection-surfaces
4. blog.lalema.com/fini-la-grippe-on-se-revoit-lan-prochain
5. blog.lalema.com/desinfection-surfaces-contre-poliovirus
6. blog.lalema.com/enzyme-combattre-biofilms
7. blog.lalema.com/7-facons-de-rendre-le-nettoyage-plus-securitaire
8. blog.lalema.com/parce-quon-na-quune-chance-de-faire-une-premiere-bonne-impression
9. blog.lalema.com/bonnes-pratiques-gestion-des-dechets
10. blog.lalema.com/etude-lutilisation-de-papier-de-toilette
11. blog.lalema.com/ca-respire-succes-plus-grand-defi-mondial-hygiene
12. blog.lalema.com/une-planete-similaire-a-la-terre-va-falloir-faire-du-menage
13. blog.lalema.com/fourmiliere-pres-de-chez
14. blog.lalema.com/6-innovations-technologiques-en-hygiene-et-salubrite-au-ces-2017
15. blog.lalema.com/3-autres-innovations-technologiques-en-hygiene-et-salubrite-ces-2016